MULTIMEDIA GEDANKEN

Aphorismen zu Multimedia

KONSTANTIN PALLAT

1997 – 2010

ISBN 978-1-4475-1461-9

EIN ERLÖSENDER GEDANKE

(1997 – 1999)

Drei Mönche sitzen auf einem Berg und blicken in einen Kristall. Der eine sagt er sieht Rot, der andere sagt er sieht Gelb, und der dritte sagt er sieht Blau. Sie wollen sich schon darüber streiten, wer die richtige Wahrnehmung hatte. Bei ihrer Rückkehr im Kloster klärt sie der Oberste auf; alle drei haben das richtige gesehen, es kommt nur auf den Standpunkt jedes Einzelnen an, in Bezug zu dem Objekt, das sie betrachten.

(Nach einer indischen Weisheit)

Juli 97

Was bedeutet 'Konvergenz'?
Die Wissenschaft der Informations- und Kommunikationstechnologien mit der Kunst der individuellen Ästhetik, Gestaltung und Erfahrung in einem neuen Stil konvergieren und sich sammeln zu lassen.
Empirie, Statistik, Informatik im wechselhaft starken Widerspruch mit Einzelerkenntnissen und individuellen Erfahrungen und Sichtweisen.
Es muss nicht alles in Prozenten ausdrückbar sein, bzw. ausgedrückt werden; ein Teil allerdings kann so ausgedrückt werden.

31 Juli 97

'Vergleichende Ethno-Morphologie' mit
raumzeitlichen, geographischlokalen
Koordinaten.

Aug. 97

Konvergenz bedeutet, die Beherrschung der Palette
aller künstlerischen Möglichkeiten und Bereiche auf
den Kern eines umfassenden Werkes zu richten.
Siehe 'Magna Opera'.

Aug. 97

Das Künstlerische ist das wichtigste an der Kunst,
nicht das Handwerkliche, u. a. deshalb, weil das
Künstlerische mit wissenschaftlichen und
philosophischen Erkenntnissen korrespondieren kann.

Aug. 97

Letztlich gibt es keinen Anfang und
kein Ende.

Aug. 97

Mehr als das Alternative, interessiert mich das
Progressive; nicht nur das 'Alte im neuen Kleid',
sondern das Fünkchen wirklich Neues, das
verändert.

Aug. 97

Nur durch die Konzentration des Geistes in der
Menge der Gedanken - kann man das
zusammenführen, was als Zwischenresultat eine
Station auf dem Weg zu einer zukünftigen
Konvergenz - auf weiteren Ebenen, und deren
Verbindungen - bedeutet.

Aug. 97

Das nächste Jahrhundert, das erste des neuen
Jahrtausends, wird ein spirituelles sein.

17. Sept. 97

Ein klarer Gedanke ist immer heiter.

Okt./Sept. 97

Die Großen macht es aus, dass sie ohne
Vorbild sind und selbst ein Vorbild
schaffen.

Okt. 97

Wir brauchen nicht immer das Gute gegen das
Schlechte abzuwägen. Warum verbinden wir nicht
das Akkumulative mit dem Additiven des Guten,
um zu einer fröhlicheren Erkenntnis und zu einer
befriedigenden Form, bzw. Gestalt, einer
zukunftsbetonten, globalen Kultur zu gelangen?!

Es geht allgemein gesellschaftlich nicht nur um rechts oder links, sondern gleichzeitig um vorwärts oder rückwärts und um die Dimensionen von Oben und Unten.

Anm.: Zeit ist hierbei Geschichte und/oder Kontinuum!

5. Nov. 97

Ich vertrete weder die Politik noch die Religion, ich vertrete meine Kunst und meine Wissenschaft; meine Philosophie.

5. Dez. 97

Die höchste Stufe der Mathematik ist die Philosophie.

16. Dez. 97

Stilistisch möchte ich einen eigenen, unverwechselbaren Weg gehen; was die Informationstechnik und die Empirie betrifft, prüfe ich die besten Angebote und Lösungen; soweit meine eigenen diesbezüglichen Entwicklungen diese nicht übertreffen, nehme ich das Beste daraus.

23. Dez. 97

Das menschliche Gehirn ist dem 'Rechner' um ein mehrfach Vielfältiges überlegen,

zumindest, was die Ganzheit und die Gesamtheit
der Arbeitsleistung betrifft. Dies wird auch immer
so bleiben, weil die 'Rechner', bzw. Computer, vom
Menschen geschaffen werden.

27. Dez. 97

Ein Künstler ist kein Priester oder Pfarrer, sondern
eher ein philosophischer Prediger in eigener Sache.

5. Jan. 98

Aufgabe ist es, die Kräfte für ein Projekt zu
bündeln und diese dann auf ein Ziel zu
fokussieren.

8. Jan. 98

Back to the 20th and forward to 2000.

10. Jan. 98

Multimedia heißt nicht den Stil als Künstler
(jeweils zu) wechseln, sondern einen Stil in
verschiedenen Medien durchzuführen.

'Mixed Media' heißt demnach, dass durch
verschiedene Stile geprägte, unterschiedliche Medien
(der Künstler) und ihre Produkte zusammengefügt
werden. Es ist also uneinheitlich.

16. Jan. 98

Ordnung herzustellen, heißt Verbindung
zwischen den Teilen herzustellen.

22. Jan. 98

Die Ordnungsversuche werden nie zu einem Ende
kommen, aber ein gültiges Kunstwerk bleibt in
seiner Geltung endlos.

Es ist klar, dass Museen Objekte von musealem
Wert sammeln, ordnen und ausstellen, aber die
Präsentation des Wissensstandes und die
Verknüpfung von Wissen sollte vermehrt mit
modernsten Informationstechnologien
geschehen.

2. Feb. 98

Zeit ist etwas anderes als Tempo.

12. Feb. 98

Es gibt Philosophen, die können gut denken, es
gibt Philosophen, die können gut schreiben und es
gibt Philosophen, die können gut reden; das
multimediale Talent würde bedeuten, alle drei
Qualitäten zu besitzen.

16. Feb. 98

Ich offenbare meine Schwächen und meine
Stärken, nur so kann man Aufgaben an andere
delegieren und trotzdem den Überblick bewahren.

21 . Feb. 98

Die Natur des Kosmos ist intelligenter als der
Mensch.

9. März 98

Jede Information erhält eine räumlichplastische
Identität, die mit einem Vektor als Zeitfaktor
verbunden ist. Zusätzlich kann ihr artifizielles
'Leben' verliehen werden, indem ein
Bewegungsrhythmus auf begrenztem Raum
festgelegt wird, ähnlich dem Ein- und Ausatmen
oder der Pumpfunktion des Herzens.

Dies ist besonders wichtig bei Verschiedenheiten und
Wandlungen von Worten und Begriffen in
Zusammenhang mit einer oder mit mehreren
Informationen.

Was bleibt konstant, und was ist variabel?

März 98

Intellekt auf einer sensualen Ebene.

Information/Informatik in der postindustriellen
Gesellschaft: vom Rand der Interessen in die Mitte
der Interessen, Quereinsteiger als effiziente
Philosophen der Erneuerung, Geist in die Herzen der
Menschen!

März 98

Das Kontinuum (vgl. Einstein) kann m. E. weitere Dimensionen, Vektoren und Unbekannte einschließen. Es müssen aber nicht unbedingt alle in jedem Fall, d.h. in jeder Konstellation und in jeder möglichen Fortschreibung berücksichtigt werden, weil dies u. a. das Erreichen erkennbarer Ziele stören, bzw. verhindern würde.

März 98

Die Geschichte ist additiv was die Zeitschiene anbetrifft, sie ist selektiv, was die Anwendung der Erkenntnisse betrifft.

Sie ist voller Wandel, was Namen, Begriffe und geographische Bezeichnungen, z.B. im Sinne der Ortsnamenlehre (Toponomastik), betrifft.

Ostern 98

Wir sollten dankbar dafür sein, was das Leben uns gibt; wir sind doch die Empfangenden der Schätze der Natur.

15. April 98

Ruhe zur Arbeit zu haben ist das Höchste und Edelste, was einem beschieden sein kann.

20. April 98

Förderung der Autodidakten und ihrer
Methodik mit Hilfe von speziell
zugeschnittenen Autorensystemen (authoring
systems)!

22. April 98

Past goes future.

Pfingsten 98

Ein Gelehrter ist nicht unbedingt ein Philosoph,
und ein Philosoph ist meist kein Gelehrter. Ich
versuche die Gedächtniskunst, die mir zum Teil
fehlt, durch neue Philosophie und daraus
entstehende Produkte und Techniken zu
ersetzen, und damit die alleinige Gelehrsamkeit
zu übertreffen.

9. Juni 98

Vergangenheit in die Gegenwärtigkeit des
Heute transportieren, um die Erfindung der
Zukunft in das Morgen zu projezieren.-

10. Juni 98

Ich bin jetzt eher 'Generalist', d.h. mich
interessieren die Makrokulturellen
Zusammenhänge und Wirkungen mehr, als die
Mikrokulturellen Zusammenhänge und
Wirkungen.

Kunst ist endgültig, Wissenschaft
ist vorläufig.

Multimedia benötigt ein "Multitalent", Mixed
Media benötigt das Talent zum Mischen.

Ich setze auf das Primat des Geistes und nicht
auf das Primat der Politik.

Ich setze nicht auf eine politische, oder auf
eine religiöse Karte, ich setze auf die
Weiterentwicklung von Kunst und
Wissenschaft.-

"Protostil" anstatt 'Neostilismen'.

Das, was wir als 'naiv' erkennen und bezeichnen, ist
ein ungewollter Effekt; er wird bei originärer
Herkunft, in der Sicht des Schöpfers eines Werkes,
nicht als Stilmittel benutzt. Hier zum Naiven.

„mehrdimensionale Logik".

10. Okt. 98

Das elektronische Wort ist nicht
das 'gedruckte Wort'.

13. Okt. 98

Komplex bedeutet, wenige Dinge unter
viele Nenner zu bringen, kompliziert
bedeutet, viele Dinge unter wenige Nenner
zu bringen.

25. Okt. 98

Die Konstanz über lange Zeit fordert
letztlich eine Konsequenz.

30. Okt. 98

Poetische Wissenschaft in dokumentarischer,
audiovisueller Form.

1. Nov. 98

In der Wissenschaft lernt man nie aus, in der
Kunst muss man früher oder später seinen Stil
finden.

5. Nov. 98

Wissenschaft ist ein Hilfsmittel und meist die
Mitgliedschaft in einer Gruppe, Kunst ist die
Durchführung, das Resultat und der eigene Beitrag zur
Sicht der Welt.

8. Nov. 98

Wissenschaft ist meist systematisch und
versucht, logisch zu sein. Kunst hat eine
innere Logik und ist nicht systematisch.-

18. Nov. 98

Es gibt die Freiheit von Wissenschaft und Kunst;
diese gilt auch für eine Mischung, bzw. eine
Interaktion beider durch eine Hand.-

13. Dez. 98

Man kann ein Leben lang studieren, aber die
Studentenzeit ist irgendwann vorbei.

30. Dez. 98

Multikausale Erklärungen und Sichtweisen, anstatt
monokausaler Erklärungen und Sichtweisen. Dies in
Verbindung mit der Nutzung multimedialer
Techniken, anstelle von monomedialen Techniken
und Verfahren. Das sind die Innovation und die
Zukunft.

7. Jan. 99

Für große Dimensionen braucht man
realistische Relationen der Mengen.

7. Jan. 99

Wenn man die Grundlage kennt -und wenn diese
sicher ist -kann man ein solides Fundament
errichten. Ohne eine sichere Grundlage, muss
Grundlagenforschung betrieben werden; diese
schließt die zukünftigen Bauwünsche und ihre
statische Beständigkeit ein.

8. Jan. 99

Ich bin Naturalist, und versuche die Einsicht in
natürliche Gegebenheiten mit den eigenen
Eindrücken sowohl impressionistisch, wie auch
expressionistisch in Einklang zu bringen.

14. Jan. 99

Die Erde - unsere Welt - zeigt auch nicht
ausschließlich ihre schönen Seiten, ihre Vorteile, sie
zeigt auch ihre schroffen Seiten, ihre Nachteile;
warum sollen wir nicht genauso handeln und nicht
nur das Angenehme, Vorteilhafte zeigen, sondern
auch das Unangenehme, Störende zum Ausdruck
bringen?!

18. Jan. 99

Erst die unterschiedliche Verknüpfung und die
jeweilig bestimmbare Abrufbarkeit von
Informationen bringen den Vorsprung!

20. Jan. 99

"Experimentelle Historiographie"

"Interaktive Dokumentation"

„Cognitive Sciences"

29. Jan. 99

Das Neue ist kein Bruch mit der
Vergangenheit, sondern mit den Fehlern
und dem Falschen, was in ihr liegt.

7. Feb. 99

Abstraktion ohne Inhalte ist die Flucht in das
Nichtssagende, in das Unerkennbare und
Undefinierbare.

7. Feb. 99

Rätsel werden immer bleiben, nur wir werden im
neuen Jahrhundert - das auch der Beginn eines
neuen Jahrtausends ist - ein anderes
Geschichtsverständnis erlangen, das
tiefgreifender, umfassender und
durchscheinbarer - transparenter -sein wird.

16. Feb. 99

Ein Künstler ist ein Interpret seiner
Vorstellungen mit seinem Können; ist der
einzelne Wissenschaftler mit seinem eigenen
Anspruch nicht ebenso?!

22 Feb. 99

Die Welt ist nicht frei von Widersprüchen, aber ein
Gegensatz ist kein Widerspruch.

22. Feb. 99

Wenn schon die global verteilten Kulturinhalte
heterogen sind, können wir nicht darüber hinaus
mit einer heterogenen Darstellungsweise einzelner
Fachleute die Inhalte weiter zerteilen. Das
Gesamtkonzept der Darstellung muss vielmehr
homogen sein, um die wirkliche
Verschiedenartigkeit der Inhalte und Lösungen
herauszuarbeiten und sichtbar zu machen.

UNGEFÄHR UNENDLICH

Aphorismen

zu

Multimedia

Teil 2

1999 – 2000

29. Jan. 99

Ich will progressiv und konstruktiv sein, das
bedeutet aber, dass alte Lehren überprüft und
gegebenenfalls zurückgenommen werden
müssen. Das Konstruktive muss im
Extremfall neu bei den Fundamenten
beginnen, wobei alte Architekturelemente
und ihre Stilmerkmale erhalten bleiben
können.

29. Jan 99

Das Neue ist kein Bruch mit der Vergangenheit,
sondern mit den Fehlern und dem Falschen, die
in ihr liegen.

03. Feb. 99

Kunst ist Geduld, nicht Fleiß.

07. Feb. 99

Abstraktion ohne Inhalte ist die Flucht in das
Nichtssagende; in das Unerkennbare und
Undefinierbare.

07. Feb. 99

Rätsel werden immer bleiben, nur wir werden im
neuen Jahrhundert, das auch der Beginn eines neuen
Jahrtausends ist, ein anderes Geschichtsverständnis
erlangen, das tief greifender, umfassender und
durch scheinbarer - transparenter -sein wird.

13. Feb. 99

Das Leben ist lang und kurz; beides
gleichzeitig das ist die Relativität!

16. Feb. 99

Ein Künstler ist ein Interpret seiner
Vorstellungen mit seinem Können; ist der
einzelne Wissenschaftler mit seinem eigenen
Anspruch nicht ebenso?!

22. Feb. 99

Geld ist nicht Alles, aber
etwas davon.

22. Feb. 99

Die Welt ist nicht frei von
Widersprüchen, aber ein
Gegensatz ist kein Widerspruch.

22. Feb. 99

Wenn schon die global verteilten Kulturinhalte
heterogen sind, können wir nicht darüber hinaus
mit einer heterogenen Darstellungsweise einzelner
Fachleute die Inhalte weiter zerteilen. Das
Gesamtkonzept der Darstellung muss vielmehr
homogen sein, um die wirkliche
Verschiedenartigkeit der Inhalte und Lösungen
herauszuarbeiten und sichtbar zu machen.

25. Feb. 99

Die Hardware funktioniert auf der ganzen
Welt, aber die Software will sich jeweils frei
bewegen können.

25. Feb. 99

Nicht Technokratie, sondern
Intelligenz mit Gefühl und Charakter.

26. Feb. 99

Ich brauche bei meiner Arbeit die
Privilegien, die auch ein Chefkoch besitzt.

01. März 99

Quereinsteiger, die Brücken bauen, um
Grenzen überschreiten zu können!

01. März 99

Ich will nicht Macht, sondern
materiellen Wohlstand und geistigen
Reichtum.

01. März 99

Das Eigene ist anders als das Fremde.-

09. März 99

Bescheidenheit im Erfolg ist
ein großes Plus.

09. März 99

Ein Museum ist ein geschlossenes System, und soll
es auch bleiben.

14. März 99

Allerdings; die Archive öffnen, die
Informationen verwertbar machen; das
Gesuchte und das Gefundene nutzbar machen;
das ist die Zielrichtung!

18.März 99

Ein Kreislauf schließt sich, eine Aufgabe
erfüllt sich.

März 99

Die großen Leistungen der Welt-Kulturen sind
Sprache, Schrift, Bild und Musik. Da sie sich
erheblich voneinander unterscheiden, muss man
durch allgemeine Anwendungen der Kulturen auf
die globalmenschlichen Gemeinsamkeiten
kommen, um eine nicht ethnozentrische Weltsicht
verbreiten zu können. Die 'human resources'
unterscheiden sich zum Teil, da die Quellen der
Erkenntnis verschiedene sind. Das, was aber
weltweit für das Überleben der Menschheit
notwendig ist, kann heute durch eine nicht
ethnozentrische Weltsicht in eine globale
Erkenntnishilfe zum Weiterleben der Menschheit
münden.

08. April 99

Ich glaube an die Kraft eines lang gehegten
Gedankens, dieser muss aber erweiterbar und
lebendig sein und nicht in eine beengende
Ideologie einmünden können.

12. Apr. 99

Erkenntnisgewinn plus Lustgewinn.-

14. Apr. 99

Frieden kämpft nicht, er waltet.

21. Apr. 99

Was ich denke, bestimme ich selbst.

30.Juni 99

Die Wahrheit liegt in der Ruhe beim Anblick
der Bewegung, denn einen Stillstand gibt es
nicht.

04. Juli 99

8 synchronisierte Laserdisks.

Synchronisiert bedeutet ähnliches, wie die
Synchronisation eines Getriebes!

Die Informationen zu einer Synopsis
synchronisieren!

05. Juli 99

Die Auffassung von Natur und deren
Erklärung, kann nicht allein dem
Anthropozentrismus unterliegen.

06. Juli 99

Mehrdimensional zu denken bedeutet, analog
zum komponieren einer Musik, eine
Polyphonie im Denken anzustreben und
durchzusetzen – zu nutzen.

19. Juli 99

Wer nicht glaubt, ist nicht mein Gegner.

20. Juli 99

Wenn es Gut und Böse gibt, kann die Kirche
nicht nur das Gute für sich beanspruchen.

29. Juli 99

Ich gehöre zwar einer Generation an, ich
arbeite aber dennoch für alle Generationen.

14. Aug. 99

Die größte Kunst ist die Erfindung, der größte
Rausch ist die Entdeckung.

31 . Aug. 99

Das Neue darf sich nicht unterordnen, es muss
sich letztlich überordnen.-

18. Sept. 99

Die Wahrheit braucht keine Mehrheit.

26. Okt. 99

Man muss das Denken ändern, um die
wachsende Menge des Wissens nutzen zu
können.

26. Okt. 99

Die Didaktik klebt zumeist an dem alten
Denken und kann das neue Wissen nicht
vermitteln.

30. Okt. 99

‚Multimedia' heißt natürlich auch, Nutzung der neuen und der alten Medien.

18. Nov. 99

Wenn man Anderen Freude und Genuss schenken will, muss man dasselbe auch bei der Arbeit empfinden.

17. Nov. 99

Wir wissen mehr von der Vergangenheit, als von der Zukunft.

26. Nov. 99

Die Natur denkt nicht, sie reagiert.

26. Nov. 99

Ich schreibe, rede und denke in Bildern; welchen
Eindruck der einzelne Empfänger der Botschaften
hat, ist seine Sache.

03. Dez. 99

Ich bin kein Quereinsteiger, sondern ich bin ein
Vordenker, allerdings durch vieles nachdenken.

Ich veröffentliche,   14. Dez. 99
damit gehe ich aber nicht Selbst
an die Öffentlichkeit.

21 . Dez. 99

Ich schätze Logik und Philosophie,
doktrinären Ideologien versuche ich
auszuweichen, sie wollen Logik und
Sophismus verhindern, und das eigene
Denken des Einzelnen im Selbst als unsozial
herabstufen.

24. Dez. 99

Genie und Dilettantentum widersprechen
sich nicht unbedingt, wohl aber dann, wenn
zu ihrer Verbindung nicht ein gewisses
Vermögen vorhanden ist.

26. Dez. 99

Bei einer komplexen Maschine, bzw. bei einer
komplexen Datenbank, funktionieren wenige Teile
unabhängig voneinander, aber erst die größere
Menge der Verbindungen (im Vergleich zur
komplizierten Maschine) zwischen den Teilen
garantiert den Effekt (die Wirkung) der
Komplexität. Bei einer komplizierten Anordnung
vieler Teile mit wenigen Verbindungen zwischen
den Teilen, genügt der Ausfall eines Teiles, oder
einer der wenigen Verbindungen, um den Effekt
(die Wirkung) zu beenden.-

Das Ganze einer Erhebung (in einer Datenbank) ist
einerseits begrenzt durch die Menge des bisher
bekannten Materials, andererseits ist diese Menge
offen gegenüber dem Zuwachs durch bisher
unbekannten Material,

wie auch offen gegenüber einer Verminderung
des gültigen Materials, durch Widerlegung
bisher bekannten Materials, etwa durch
Entdeckung neuen Materials, das gesichert
erscheint, bzw. einer strengen Prüfung besteht.

28. Dez. 99

Die wirkliche Veränderung geschieht nicht durch
die Avantgarde, sondern durch den Tross des
Hauptfeldes.

03. Jan. 2000

Die Technik, mit ihrer jeweiligen
Technologie, gleicht eher einem
geschlossenen System, die Historie, mit ihrer
Wissenschaft – in Wandlungen -, gleicht eher
einem offenen System.

12. Jan. 2000

Man sollte die Wahrheit in Prozentzahlen
ausdrücken; das heißt den jeweiligen
Wahrheitsgehalt, wenn er auch nur geschätzt
werden kann.

12. Jan. 2000

Wandelnde Perspektive heißt
Perspektivität.

12. Jan. 2000

Persönliche Erkenntnisse sind privat, öffentliche
Erkenntnisse sind allgemein.

21. Jan. 2000

Z.B. ,Latina', Landeskunde und Ethnographie
im Prisma der Geschichte. Projekt).

22. Jan. 2000

Wahre Kunst ist sehr verräterisch, was die
Durchsichtigkeit der Ambitionen und die
Persönlichkeit des Urhebers betrifft. Zuweilen
wird in den Hochschulen der Versuch
unternommen, grade diese ‚verräterische
Durchsichtigkeit' durch einen lernbaren (und
lehrbaren) Stil, zuweilen auch durch oberflächliche
und vereinheitlichende Geschmacksausrichtungen
einer aufgesetzten Ästhetik, zu überdecken, bzw.
zu eliminieren.

06. Feb. 2000

Statistik und Wahrscheinlichkeitsrechnung
(Zufall und/oder Notwendigkeit) sollen zum
Nutzen der Kulturgeschichte im globalen
Zusammenhang verstärkt eingesetzt werden.

15. Feb. 2000

Was ist der Unterschied zwischen
Intelligenz und Intellekt? Oder, wie viel
Intelligenz besitzen die Intellektuellen,
bzw., wie viel Intelligenz wollen sie
nutzen?

13. März 2000

Einfach heißt nicht arm.

16. März 2000

Ich will nicht bewusst schlechte Qualität erzeugen,
sondern ich strebe höchste Qualität an. Wenn der
‚Charme des Dilettantismus' anklingen soll, dann
ist er gewollt und willkommen.

21. März 2000

Für die Höchstleistung in der Arbeit hat man
nur 2-3 Stunden am Tag Zeit.

24. März 2000

Das Einfache ist komplex, das
Schwierige ist kompliziert.

27. März 2000

Ich schaue weit zurück, und ich schaue weit
voraus. Ich versuche meinen geistigen Horizont zu
erweitern, um über den realen (gegebenen)
Horizont hinüberblicken zu können.

29. März 2000

Ich suche keine Lücke. Ich
suche die Grundlage für ein
neues System.

13. April 2000

Bei den Anstrengungen für eine neue Produktion
muss ein Überraschungseffekt bleiben.

27. Apr. 2000

Ich werde nicht unruhig, wenn nichts passiert.
(Das gehört zur Erfahrung).

30. Apr. 2000

Das Erfinden ist aus Not und Mangel
geboren.

10. Mai 2000

Ich will die Bestätigung der Güte meiner
Idee durch Geschäftserfolg.

18. Mai 2000

Ich glaube wir müssen eine neue Geschichte
schreiben, was die Jahre 12.000 bis 4.000 v.
Chr. betrifft –insbesondere die
Mittelmeerkultur und Einflüsse aus
Mittelamerika.

18. Mai 2000

Wissenschaftler können Sammler und/oder Jäger
sein. Wenn sie nur sammeln, müssen sie auf
bisherige Ordnungsprinzipien zurückgreifen.
Wenn sie nur jagen, wollen sie nur den
Einzelerfolg, unabhängig von der jeweiligen
Ordnung.

Wenn sie allerdings eine neue,
wirklichkeitsnähere Ordnung erkennen und
danach handeln, können sie ihre ‚Jagderfolge'
in bisher unbekanntem Ausmaß darlegen und
verbreiten.

19. Mai 2000

Wenn die Menge der Menschen zur Masse Mensch
wird, übt die Zwangsanpassung einen nivellierenden
Druck auf die gesamte Menschheit aus.
Diese Nivellierung beschneidet die Qualitätsextreme
des individuellen Menschseins, Anpassung und
Überleben sind dann die wichtigsten Kriterien.

19. Mai 2000

Eine neue (Computer-) Sprache besteht erst nur
aus wenigen Worten, Begriffen und Befehlen.

28. Mai 2000

Wenn sich zurzeit das Wissen angeblich alle
5 Jahre verdoppelt, sei die Frage gestellt,
wann es sich erneuert, das heißt, wann es sich
grundsätzlich verändert!

13. Juni 2000

Ich bin ein Regisseur des
„Informationstheaters".

14. Juni 2000

Vergangenheit ist ein Drittel, Gegenwart und
Zukunft sind zwei Drittel.

14. Juni 2000

Mein Ehrgeiz passt in keine Schablone.

17. Juni 2000

17. Juni 2000

Widersprüche (Gegensätze, wie auch miteinander unvereinbare Aussagen) und Löcher im Wissen (sowohl der historischen Abfolge, wie auch des Gegenstandes der Betrachtung selbst) müssen wohl oder übel akzeptiert werden, da sie nie insgesamt und endgültig beseitigt werden können. Eine Veränderung der Gewichtung im Wissen soll allerdings im Verlauf der Zeiten geschehen. Wir wollen doch glücklich sein im Streben und Tun.

24. Juni 2000

Was ich betreibe ist <u>Produktphilosophie.</u>

24. Juni 2000

Ich bin kein Parteipolitiker, aber ich betreibe
meine Geschäftspolitik als Einzelner zum Wohle
meiner Produktphilosophie. Diese soll in dem
Sinne sozial sein, als sie dem zukünftigen Nutzer
volle Entfaltungsmöglichkeit bei dem Erwerb
und bei der Nutzung von Information und
Wissen in den verschiedensten Medien und derer
Verknüpfung bietet.

26. Juni 2000

Was ist der Unterschied zwischen einem
'Generalisten' und einem 'Universalisten'? Und
welche sind die Unterschiede dieser beiden
zusammen, gegenüber einem Vertreter des
„Globalismus"? Das Gemeinsame jedenfalls scheint
mir der Bezug zu den Gesetzen des 'Kosmos' zu sein,
wie er z. T. gegenwärtig in den Schriften von
Alexander v. Humboldt und in der Goetheschen
'Morphologie' wieder gefunden wird.-

29. Juni 2000

 Ich rechne jetzt nicht mehr mit dem
zwei-dimensionalen Prozentsatz der
Wahrscheinlichkeiten, sondern mit dem
drei-dimensionalen Prozentsatz der
Wahrscheinlichkeiten, das heißt ich rechne nach
Volumen und nicht mehr ausschließlich nach
Fläche. Anders ausgedrückt heißt das, ich spiele
mit dem Verhältnis von Fläche zu Volumen.

30. Juni 2000

Die kosmischen Gesetze gelten auch auf
Erden. Das All ist hier!

Der Kosmos des Alls ist nicht das Chaos.

26. Juli 2000

Das Wissen ist nicht akkumulativ, wie die
Zeitrechnung.

31. Juli 2000

Philosophie heißt Kopfrechnen.

01. Aug. 2000

Man will heute wieder Konturen und
Facetten eines Werkes sehen, und nicht in
einer großen Trommel geschliffene Steine.

03. Aug. 2000

Ich arbeite nicht für die Wissenschaftler, und ich
arbeite nicht für die Künstler. Ich arbeite für den
ganzen Menschen, der Kunst und Wissenschaft
braucht.

09. Aug. 2000

Ich bin Generalist, und
darin Spezialist.

24. Aug. 2000

Das künstliche, artifizielle, synthetische darf nur ein
Hilfsmittel sein, um die unerschöpfliche Kraft der
Natur zu bewahren,

damit wir weiter mit dieser Kraft leben
können.

25. Aug. 2000

Man spricht heute von 'Perspektivität'; eine
Perspektive ist der Naive Blick.

28. Aug. 2000

Ich habe heute gelesen, die
'Außerirdischen' sollen
„transdimensional" sein!

06. Sept. 2000

Es gibt die Astronauten-Götter (in den
Vorstellungen einiger alter Hochkulturen der
Naturvölker), und es gibt den einen Gott, der
auch der Gott der Astronauten ist.

San Felice Circeo, Sept./Okt. 2000

21. Sept. 2000

Wenn die Tatsachen in aller Klarheit und
Überwältigung an die Oberfläche kommen, kann die
Zeit der Gelehrten und Forscher für Anderes
verwendet werden, als immer nur zu suchen und
fehlerhafte Bruchstücke der Geschichte und des
Zusammenwirkens der Menschen in verschiedenen
Gleichzeitigkeiten auf der Erde und möglicherweise
im weiteren Kosmos zu einem 'ideal' passenden Bild
zusammensetzen zu wollen.-

21. Sept. 2000

Selbst die besten und neuesten Anstrengungen der
Forschung und Entwicklung (F&E) können nicht
bereits bestehende, existente Tatsachen ändern,
auch wenn diese bisher noch unbekannt sind.

50

22. Sept. 2000

Ich bin kein Ankläger, und ich bin kein Richter; ich
bin Anwalt der Tatsächlichkeit, der
Tatsachenwahrheit.-

23. Sept. 2000

Nach viel Übung muss man
das machen, was einem leicht
fällt.

01. Okt. 2000

Wenn sich das Spielerische mit Ernsthaftigkeit
verbindet, kann man größere Aufgaben
bewältigen.

01. Okt. 2000

Meine Schriften sind nicht Gesetz, sondern Ausdruck
meines eigenen Denkens; deshalb kann nicht ein
fremder 'Kommentar', wie es im 'Recht' üblich ist, zur
weiteren Aufklärung helfen, sondern nur die eigene
Anwendung dem vollen Sinn entsprechen.

02. Okt. 2000

Als Künstler bin ich kein Bittsteller; diese
Haltung überträgt sich auch auf meine
wissenschaftlichen Interessen.

02. Okt. 2000

Auch der anspruchsvolle 'Gebildete' ist ein
Verbraucher, ein ‚consumer'.

09. Okt. 2000

Eine kleine Freude ist ein
großes Glück.

10. Okt. 2000

So, wie es den 7. Sinn gibt, gibt es 7 Dimensionen
der Wahrnehmung. Neben diesen 7 Dimensionen
existieren möglicherweise weitere 7 Kategorien,
welche die Ordnung (od. Einordnung) der
Wahrnehmungen in das Gedächtnis organisieren.

Fine   S. Felice Circeo

15. Okt. 2000

Es entwickelt sich nicht alles vorwärts, manches
bildet sich auch zurück und geht verloren.

17. Okt. 2000

Es gibt auch Änderungen der menschlichen
Auffassungskraft, die sich nicht harmonisch
fließend, sondern plötzlich und abrupt durchsetzen.
Ich denke letzteres steht uns bevor, und es sollte
zum Guten gereichen.

19. Okt. 2000

Eine multisphärische Weltsicht, die sich an
mehreren Polen orientiert.

20. 10. 2000

Es ist umgekehrt; die 'Alte Welt' war der
Anden-Raum Mittelamerikas, die 'Neue Welt'
ist Europa und der Mittelmeer-Raum!

24. Okt. 2000

24. Okt. 2000

Der Glaube, dass sich These und
Antithese in einer glaubwürdigen und
wahrhaftigen Synthese auskristallisieren,
scheint mir überholt, was ist mit der
Hypothese?

28. Okt. 2000

Die Computertechnologie erlaubt es, ein sich
permanent wandelndes Buch zu entwerfen und
dieses kontinuierlich in Veränderungen
herauszugeben.

30. Okt. 2000

Das, worauf ich setze, möchte ich
auch durchsetzen.

01. Nov. 2000

Ich sonne mich im Glück eines
schönen Gedankens.

01. Nov. 2000

Es geht nicht darum, die eigenen Schwächen
durch einen allgemeinen, wissenschaftlichen
Jargon zu kaschieren, sondern es geht vielmehr
darum, die eigenen Stärken wirklich hervor-
zuheben, zum Leben zu erwecken, und die
erkannten Schwächen durch ausgewählte
Experten dem gewünschten und erkannten
Ausdruck anzupassen.

02. Nov. 2000

Unabhängigkeit erreicht man durch
Verzicht, oder durch Vermögen im Sinne
von Kapital.

02. Nov. 2000

Ein guter Mathematiker muss abschätzen können,
das heißt, er muss zur Kontrolle
Plausibilitäts-Rechnungen durchführen, um auf dem
Boden der Realität zu bleiben.

02. Nov. 2000

Es heißt, die heutige Studentengeneration sei so
unpolitisch, das mag so sein, aber es gibt auch
andere Felder der Auseinandersetzung, Kultur,
Geschichte und Wissenschaft. Die Politik hat nicht
die Priorität.

15. Nov. 2000

Kultur ist eine 'offene Quelle' (open source),
sie sollte jedenfalls so sein.

15. Nov. 2000

Ich verbünde mich mit der Natur.

21. Nov. 2000

In der Werbung wird die Tricktechnik zu
Effekt. Der Künstler lässt seine Tricks nicht
erkennbar werden; das ist die Magie.

23. Nov. 2000

Die Abbildungskraft der Kunst mit dem geistigen
Gespür der Intelligenz koppeln.

10. Dez. 2000

Die Zweifel sind interessanter als die
vermeintlichen Gewissheiten.

11. Dez. 2000

Geduld mit der Zeit und den Wegen, Konstanz
in der Anpeilung des Zieles.

14. Dez. 2000

Technische Tricks soll man nicht erkennen,
aber ein neuer Geist, eine Innovation will
erkannt werden.

18. Jan. 2001

Mit den Erfahrungen aus dem Gestern und mit
gelegentlichen Rückblicken, möchte ich nach vorne
gehen. Weiter.-

ZEIT, DIE VIERTE DIMENSION

Aphorismen zu Multimedia

Teil 3

(2001 – 2005)

Deduktion und Induktion haben in der Zeitdimension
unterschiedliche Laufrichtungen (Vektoren).
Durch diese gegenläufigen Kräfte können substantielle Wahrheiten
herausgearbeitet oder gefunden werden.

(frei nach Wladimir, Iwanowitsch Wernadzki, 1863-1945)
hypothetisch, außer der Reihe, K.P.

14.11.2004

Das Gute und Schöne sammeln, pflegen und zeigen.

08.02.2001

Informations-Mix
mixed informations

09.02.2001

Ich will öffnen, und nicht abschließen.

10.02.2001

electronic history board
electronic infotainment board

18.02.2001

Eine Richtung und eine Aussage ja,
aber keine Ideologie und keine Doktrin.

19.02.2001

expansion
expanded abstracts

25.02.2001

Im Sinne von `Allgemeinverständlichkeit´ möchte ich ein interaktiv verständliches Werk schaffen; als Kompendium, Bildatlas und Thesaurus.

02.03.2001

Jeder Begriff und jede Bezeichnung ist parallel in Deutsch und in Lateinisch mit einer Nummer versehen.
Diese Nummern werden auf alle anderen Schriftsprachen und Sprachen und ihre jeweiligen Begriffe und Bezeichnungen kongruent übertragen.
Dazu kommen, nach dieser deutsch-lateinischen Grundnummer, die Aufführung der dazugehörigen Bilder/Abbilder in einer Mappe, einem Bild-Codex, der zu einem landeskundlich-geographischen Bildatlas führt.

05.03.2001

Es geht auch um die Farbstimmungen des Gemüts.

05.03.2001

Wie bringt man das `ganzheitliche Denken´ mit der Forderung nach einer `Nachhaltigkeit´ der Sicherung des materiellen Bestandes in Einklang?

Ich will nicht der angepasste, globalisierte Techno-Mensch werden. Auch alte, genetisch überlieferte Instinkte und Genüsse wollen erfüllt sein, wenn auch in abgeklärten, zivilisierten Versionen.

14.03.2001

Es ist einfach so; die `offizielle Version´ muss, bzw. kann nicht immer der Wahrheit entsprechen.

28.03.2001

Wie kann man das Denken als Gefühl darstellen,
als `feeling´?

28.03.2001

Ich berichte über meinen Weg, er ist der einzige den nur ich selbst gesehen habe.

11.04.2001

Man sollte nicht denken, dass Entscheidungen allein nach dem Grad des Wissens getroffen werden.

19.04.2001

Die technische Entwicklung kommt den Wunschvorstellungen nicht nach.

19.04.2001

Was ist der Unterschied zwischen virtuell und real?
In der virtuellen Darstellung kann ich ein Schiff bewusst gegen ein Riff laufen lassen; in der Realität des Lebens lieber nicht.

19.04.2001

Primitivität + neue Technologien = Wissensbereicherung.

22.04.2001

Ins Leere blicken, und dabei einen Gedanken fassen!

25.04.2001

Eines der Hauptprobleme ist die Konkordanz lexikographischer Eintragungen im mehrdimensionalen Raum.

28.04.2001

Die Sehnsucht nach der Idylle bleibt.

16.05.2001

Hinter der Produktion soll der kreative Wille des Autors sichtbar sein!

17.05.2001

Naive Wahrheiten in der Mittelmeerforschung und darüber hinaus.

Räumliche Gedanken.

30.05.2001

Der Bereich in dem sich die Sphären von `animus´ und `anima´ verbinden, kann die Wahrheiten vertiefen und neu ausdrücken.

31.05.2001

Als Denker bin ich weder Politiker noch Talkmaster.

11.06.2001

Der Geistesblitz kommt nur durch langes Nachdenken.

12.06.2001

Der Creator muss auch ein zurückweisendes, diminuatives Potential haben.

13.06.2001

Wenn ich `volksnah´ bin, bin ich kein politischer Revolutionär.
Ich bin ein technologischer Revolutionär.

19.06.2001

Ich habe mich 30 Jahre auf die Idee und ihre Praktizierung konzentriert, jetzt, bei der `Probe auf's Exempel´ muss ich alle zukünftigen Mitarbeiter darauf einstimmen.
Es bleibt jetzt keine Zeit mehr für Diskussionen. Das Projekt muss jetzt durchgeführt werden – unter meiner Gesamtleitung und zu einem guten Ende!

25.06.2001

Wenn ich reise, brauche ich Zeit; ich muss mich den Menschen anpassen und mich mit der Landschaft assimilieren können.

31.06.2001

Es geht nicht um das Christentum – im Gegensatz zum Heidentum, sondern es geht um die vorchristliche Religion.

02.07.2001

Ich will etwas machen, was man nicht erlernen kann.

25.07.2001

Es gibt keinen Unterschied zwischen groß und klein,
außer wenn man unbedingt das Mittelmaß sucht.

25.07.2001

„Fetisch Natur"

22.07.2001

Es geht um die Zeit *vor* der klassischen Antike: die *Praeantike Kultur*.

23.07.2001

Wo das Tagesgeschäft herrscht, will ich nicht mitmischen.

25.07.2001

Tatsachen sind schärfer definiert als die sogenannte Wahrheit.

04.08.2001

Wenn man etwas Neues entdecken will, muss man sich dem Risiko aussetzen, ob dies wirklich etwas Neues ist.

05.08.2001

`Alles auf einmal´ - als Gesamtkunstwerk - geht nur, wenn man sich lange darauf vorbereitet hat.

10.08.2001

Wer etwas verändern will, muss auch die Dinge bewegen können.

13.08.2001

`Circe und Sibylle´ - parallel recherchiert -.

15.08.2001

Gedanken kommen vom Denken.

18.08.2001

Die Wasseroberfläche trennt eigentlich Himmel und Erde.
Beide sind mehrdimensionale Räume.

18.08.2001

„Hypothesen auf der Spur" (Buch- oder Filmtitel)

01.09.2001

Der Tatsachenzustand eines Ereignisses ist zu charakterisieren.

04.09.2001

Zum Beispiel bei dem Studium der verbliebenen Naturvölker:
Wenn eine Ansicht objektiv falsch ist, kann sie subjektiv richtig und
für jene nützlich sein.

04.09.2001

Eine Didaktik kann man nicht auf unsicheren Fundamenten
aufbauen.

04.09.2001

Ich bin eher Visionär, als Utopist.

30.09.2001

Wir erleben jetzt eine Trendwende in der Tendenz.

18.10.2001

Das Komplizierte ist Fleißarbeit, das Komplexe ist Denkleistung.

18.10.2001

Die Ernsthaftigkeit braucht auch das Schöne.

30.10.2001

Mir geht es darum zu zeigen, dass Fetischismus und Liebhaberei wirksamer sind, als der Kampf des Einzelnen beim Überleben in den wissenschaftlichen Hierarchien.

03.11.2001

Ich verfolge mehrere Ziele gleichzeitig, innerhalb eines ganzheitlichen Gesamtprojektes.

06.11.2001

Rückblick mit süßer Melancholie ohne nostalgische Verkleidung.

10.11.2001

Für mich gilt nicht die Entscheidung zwischen Kunst oder Wissenschaft, sondern zwischen `U-´ oder `E-´ im Kulturbereich.

16.11.2001

Sehen Sie mich ruhig selbst als `Medium´; ich kann mich kurzzeitig tief versenken, dies kostet viel Kraft, aber ich kann nicht andauernd auf diesem Level nach Anweisungen oder Wünschen fremdbestimmt arbeiten.

26.11.2001

Wo das Leiden beginnt, hört der Humor auf.
Ich möchte mir meinen Humor bewahren und ihn kultivieren.

29.11.2001

Genetik der Ideen.

04.12.2001

Wer weit voraus schauen will, muss auch weit zurück schauen können.

09.12.2001

Ich denke hauptsächlich an die Vergangenheit und an die Zukunft; die Gegenwart nutze ich zum leben und zum arbeiten.

31.01.2002

Ich werde die Aufgaben, die ich mir gestellt habe nie vollständig erfüllen; dies gibt mir die Freiheit auch einmal eine Pause einzulegen.

31.01.2002

Kunst heißt, was Kennern gefällt.

03.02.2002

Mein Raum ist polygonal, meine Zeit ist polymorph.

17.04.2002

Die Evolution kommt nicht von Innen, sondern von Außen.

02.05.2002

Ich möchte nicht nur den Globus, sondern auch den Kosmos in meine Arbeit einbeziehen; das Verhältnis zwischen Globalem und Kosmischem.

08.05.2002

Es geht nicht um mutige, oder um ängstliche Entscheidungen; es geht um treffsichere Entscheidungen.

04.07.2002

Wir haben in unserem Raum eine Parallelität verschiedener Zeit-Vektoren.

10.07.2002

`Noologie und Neues Denken´

25.07.2002

`Kristallin-sphärisches Denken´

29.07.2002

`Eine kubistisch-sphärische Enzyklopädie in Text, Bild und Ton´

23.07.2002

Das `Zitat´ im „Zitat".

02.09.2002

Die Richtigkeit einer Philosophie lässt sich weder mit den Händen noch mit den Füßen abstimmen.

23.09.2002

Je länger ich auf ein Bild schaue, desto wertvoller wird es.

10.11.2002

Das klare Denken besitzt eine gewisse Kälte.
Dem will ich eine Wärme durch anschauliche, erlebte Beispiele
hinzufügen.

10.11.2002

künstlerischer Verstand
+
intellektuelles Wissen
+
ethisches Gefühl
+
wissenschaftliche Erneuerung

11.11.2002

Es geht ja gerade darum, aus dem Zeitgeist, aus der
Zeitgebundenheit auszubrechen, um eine über kurzfristige Epochen
erhabene Arbeit leisten zu können.

17.11.2002

Ich hasse das formelle, aber ich liebe das Formale.

24.11.2002

Unabhängig sein, heißt neutral sein; ein Neutrum.

Die Alternative zu der Zweidimensionalität von Rechts und Links.

03.12.2002

Man muss auch einmal den `Wissensschatz´ ausmisten, um den neueren Erkenntnissen Raum zu schaffen.

10.12.2002

Nicht `common sense´, sondern die Abzweigungen, die Seitenwege führen zu neuen Erkenntnissen.

23.12.2002

Es geht mir nicht nur um das `besser wissen´, sondern auch um das `besser machen´.

01.01.2003

Der Künstler kann mit Stimmungen arbeiten, der Wissenschaftler mit Stimmigkeiten.

02.01.2003

Ich will in die Zeit vor den Religionen und vor den Kirchen und Moscheen vordringen.

13.01.2003

Der Erfolg kann nie zu spät kommen.

10.02.2003

Ich will mit der Kunst die Wissenschaft bereichern.

10.02.2003

Reich ist man dann, wenn man auch Verluste verschmerzen kann.

05.04.2003

Wenn ich durch mehr Langsamkeit größere Tiefe erreichen könnte,
dann wäre mir das recht.

22.04.2003

Ich lebe und arbeite so, als ob ich 200 Jahre alt werden würde.
Warum nicht?
Es wäre nicht schlecht.

24.04.2003

Fazit: wer mehr weiß, als er preisgibt, verliert die Unschuld.

05.2003

Es gibt keine `klassenlose Gesellschaft´,
aber es gibt klassenlose Menschen.

29.05.2003

Tatsächlich leben wir *auf* einer Kugel, wenn wir aber ein
ganzheitliches Konzept anstreben, müssen wir uns vorstellen *in* einer
Kugel zu leben.
Außen = Innen !
Dann gibt es kein `rechts´ und `links´ mehr.

06.2003

Kunst heißt, selbst entscheiden.

Pfingsten, 2003

Meine Meinung ist kein Betonklotz.

11.06.2003

Ein Bild zu malen, heißt eine Szene voll auszuspielen.

11.06.2003

Nach der `Aufklärung´ über das Wissen, kommt die Nutzung des Wissens.

03.07.2003

Man schafft nur etwas Neues, weil man mit dem Alten unzufrieden ist.

13.10.2003

Ein Stein ist wie ein `genetischer Fingerabdruck´ der Erde.

05.11.2003

Die Geschichte verbreitet Wärme und Kälte;
beides kann schön sein.

21.11.2003

Die Mitte kann nicht der Maßstab sein, dann wäre alles Mittelmaß.

23.11.2003

Es ist besser die `Reichen´ zu läutern, als den `Armen´ nachzugeben;
letztlich brauchen beide einen Widerstand.

09.12.2003

Das ur-, urälteste kann zum neuesten werden, wenn das zurzeit gängige überprüft und in fehlerhaften Punkten ersetzt wird.

02.01.2004

Dem Autor geht es nicht um die Größendimension, sondern um die Großartigkeit einer Idee.

05.01.2004

Es braucht ein gewisses Maß an Infantilität, Naivität und Dilettierens, um eine Neuerung durchzuführen. Bis zum glücklichen Ende.

17.02.2004

Stellen wir einmal die soziologischen - `soziokulturellen´ - und die humangenetischen - `kulturhistorischen´ - mit den kulturgeographischen Ansätzen und Elementen nebeneinander und suchen nach mehrdimensionalen Parallelen!
Dann werden wir meines Erachtens zu neuen Erkenntnissen gelangen.

22.02.2004

Homolog-Rechner: in Abgrenzung zu den Begriffen `Analog´ und `Digital´!

25.02.2004

Es geht auch darum, wie man die analogen photographischen und filmischen Tricks in das digitale Zeitalter hinüber rettet.

28.02.2004

Was ist die anvisierte `Wissensgesellschaft´, wie soll sie aussehen?

15.07.2004

Die meisten Wahrheiten sind Widersprüche.

06.08.2004

Die Vergangenheit ist interessant, aber ich reise nicht mehr in die eigene Vergangenheit. Ein neuer Platz mit großer Historie ist besser für das Entwerfen zukünftiger Projekte.

16.10.2004

Dieses Buch ist eigentlich ein offener Brief an alle, die in Kunst, Wissenschaft, Kultur und Medien tätig sind.

21.10.2004

Wir müssen uns bewusst sein, dass, trotz aller Wissenschaft und Technologie, die Kernfrage unserer Existenzfähigkeit, die Schwerkraft oder Gravitation, noch nicht erklärt werden kann.
Die zeigt die Schwäche unseres Wissenschaftsgebäudes. Die Lösung dieser Frage würde alles verändern.

05.11.2004

Entweder brauche ich neue, gesicherte Erkenntnisse aus der Wissenschaft, oder einen großen visionären, geistig-künstlerischen Entwurf für die Frühgeschichte.
Vielleicht auch beides zusammen.

28.11.2004

Wenn man den Geist bewegt, muss man den Körper ruhig halten.

21.01.2005

Es heißt, man lernt nur aus Fehlern.
Aber allzu viele Fehler kann man sich nicht leisten.

30.01.2005

Das, was wir zu wissen glauben, würde sich anders darstellen,
wenn das, was wir nicht wissen, aufgedeckt werden würde.

01.01.2005

Die Vergangenheit der Welt ist meine Zukunft.

15.02.2005

Die Politik und die Ideologien sind die Feinde der Kunst.

22.03.2005

Ehrliche Wirtschaft und Unternehmungslust sind die Freunde
der Kunst.

22.03.2005

Die Wissenschaft sucht nach der Wahrheit, die sich allerdings
immer bewegt.
Die Kunst kann das Gegenwärtige festhalten, in Stimmung, Stil
und Gehalt.

23.03.2005

Wissenschaft kommt nie zu einem Ende.
Ein Kunstwerk kann aber perfekt und in sich abgeschlossen sein.

23.03.2005

Die naive Malerei gehört auch zu der Trivialkunst.
Trivialisierung: „unerlaubte Vereinfachung"...
Man findet diesen Zug heute auch bei den Malern, die auf der
zeitgenössischen Erfolgsleiter stehen. Der Ansatzpunkt hierfür
ist die Pop-Art, die die Werbegraphik zur Kunst überhöht hat.
Aber „poppig" ist auch ein Gefühlsausdruck, das Einstufen eines
visuellen Erlebnisses.

30.03.2005

Sich wissentlich zu beschränken kann gut und erfolgreich sein.
Die ‚Beschränktheit' kann allerdings auch von Unvermögen
zeugen, das bei den Naiven gebilligt wird – als Ursprünglichkeit
und Unverdorbenheit.

30.03.2005

Bei den ‚Alleskönnern' wird diese Haltung aber instrumentalisiert
und zum Medienruhm unsicheren Grades – zum Manierismus.

30.03.2005

Als Künstler darf ich nicht die Angst haben, mir den Mund zu
verbrennen und nonkonformistisch zu sein.

09.05.2005

Man kann zuweilen von Meistern viel übernehmen, aber man darf
seine eigene Handschrift nicht verlieren.

20.05.2005

Zu Ökonomie und Ökologie: das nominelle stellt nicht unbedingt
das Tatsächliche dar – das logische stößt letztlich an seine Grenzen.

24.05.2005

Künstler sein heißt, allein verantwortlich zu sein; das Gleiche
gilt für den Philosophen.

06.06.2005

Forschungsauftrag:

Kommen unterschiedliche Methoden der Wissens-Generierung
aus verschiedenen Kulturen global angewandt zu den gleichen
Resultaten, oder sind die regional ursprünglichen Methoden nur
für die jeweilige Ursprungskultur gültig und wirksam ?

Lassen sich diese Methoden bei positivem Ausgang der Prüfung
auf die Neuentwicklung eines „Knowledge Research Systems"
(K.P.) übertragen?

11.06.2005

Das materielle ist die Grundlage für das immaterielle.

17.06.2005

Aus dem Brüchigen und Vergangenen das Gute, Schöne
und Wahre herausarbeiten!

23.07.2005

Die Spekulation und die Hypothese sind besser, als das Beharren
auf einer angeblichen Wahrheit, die sich späterhin als falsch
erweist.

31.07.2005

Wir müssen wieder zur Bedeutung der Inspiration zurückfinden!

14.08.2005

„Genie haben wir alle. Es kommt darauf an was man daraus macht."
(Werner Haftmann, im Gespräch, 70er Jahre)

15.08.2005

Ja, ich möchte das Naive und die naive Malerei auf ein höheres
Podest stellen, mit Rückgriffen auf Zeichnungen und Malerei der
Frührenaissance und auf die frühe gotische Menschendarstellung
vor Landschaften sowie der Einbeziehung von älteren Reiseskizzen
naturwissenschaftlich und ethnographisch tätiger Forscher und
Liebhaber.

24.08.2005

Eine Vision will gut gepflegt und lange genährt werden.

24.08.2005

Genauso, wie die Künstler, sollten auch die Wissenschaftler
eine solide und konkrete Staatsferne bewahren.

19.09.2005

Warum soll alles vorbei sein, was wir gemacht haben?
Das Beste davon soll Teil der Zukunft sein!

20.09.2005

„Die Einfalt ist eine Gnade."
Irgendwer hat das einmal gesagt.

28.09.2005

Wenn es nur sehr wenige Wissende gibt, die die großen
Geheimnisse der Menschheit kennen, warum soll es ihnen
geboten sein, diese vor der Mitwelt zu verbergen, sie
unerreichbar zu machen.

29.09.2005

Schlimmer als die Arroganz ist die Ignoranz.

30.10.2005

So, wie es eine ,arte povera' gibt, sollte es auch
eine ,scienca povera' geben.
Das heißt, mit einfachen Mitteln großes erreichen.

04.10.2005

Eigene Gedanken zu haben und zu verfolgen ist Erholung;
fremde Gedanken zu verfolgen ist Arbeit.

06.10.2005

Entscheidend ist es, einen Knoten zu lösen,
und nicht, ihn zu zerschlagen.

07.10.2005

Wenn man schon weit vorgedacht hat, dauert jeder weitere
Schritt erheblich länger, weil die wesentlichen Teile des
Langzeitgedächtnisses jeweils auf das Kurzzeitgedächtnis
zurückgeholt werden müssen.

12.10.2005

Ein Künstler ist kein Handwerker, er kann sich über die Regeln
des Handwerks hinwegsetzen.

12.10.2005

Ästhetik hat mit Liebe zu tun, und mit Erfahrung.

15.10.2005

Die Ikonologie, wie sie von Aby Warburg auf das Verhältnis
der klassischen Kunst der Antike zur Malerei und Plastik der
Renaissance angewandt und entwickelt wurde, sollte um die
Ikonogeographie erweitert werden, um dann, zusammen mit
der Ikonographie, die Beziehungen von vorklassischer Kunst
zur Klassik am Beispiel ihrer Inhalte, ihrer Bedeutungen, ihrer
Wandlungen und ihrer Wanderungen für die Altertumswissen-
schaften zu erhellen.

21.10.2005

Der Idealismus glaubt, dass wir durch die (gesteuerte) Evolution
zwangsläufig auf eine bessere Form zulaufen.
Die Mutationen, die die Evolution erst möglich machen, geschehen
aber unwillkürlich, unvorhersehbar und selten erfolgreich.
Diese Brüche und Verschränkungen in unserer Entwicklung
machen das Überleben und den Fortbestand aber erst möglich.

02.11.2005

Man muss an andere Möglichkeiten – über das Bestehende hinaus –
glauben, um für Veränderungen offen zu sein.

10.11.2005

Darwins Evolutionstheorie, das Linnéesche System der Botanik,
die Gesetze der Physik, die Tabelle der chemischen Elemente,
all das sind künstliche Annäherungen an die Phänomene der
wirklichen Natur. Zudem sind sie zeitbedingt durch die Abläufe
der Wissenschaftsgeschichte.
Eine neutrale, zeitlose Sicht auf die Wirklichkeit der Natur erscheint
nur schwer möglich, bleibt aber das Ziel.

14.11.2005

Die Diskussion über die Bewusstseinserweiterung – inklusive
entsprechende Experimente – ist im Ungefähren geblieben.
Die Arbeit an der Erweiterung des Wissens bleibt aber weiterhin
auf der Tagesordnung.

25.11.2005

Das computertechnische Handwerkszeug nimmt durch die
Software-Entwicklungen ständig zu. Es ist kaum noch möglich alle
Handwerkszeuge zusammen perfekt zu beherrschen.
Deshalb ist es so wichtig, sich mit den Inhalten des Wissens, ihrer
Gestaltung, ihren Verknüpfungen, ihren gegenseitigen Wechsel-
wirkungen und ihrer ästhetischen Darstellung zu beschäftigen.

30.11.2005

* * *

DAS EINE UND DAS ANDERE

Aphorismen zu Multimedia

Teil 4

(2006)

Wenn es richtig ist, dass die Zeit zumindest drei Vektoren besitzt, so ist das auf die Dreidimensionalität des Raumes zurückzuführen.

Die Vektoren der Zeit müssen sich der Beschaffenheit des Raumes anpassen, der zum Teil in der Nähe von Planeten gekrümmt ist und somit den Zeitfluss verändert.
Diese Vektoren (der Zeit im Raum) sind also ausschlaggebend für die Stärke der Gravitation.

19.01.06

Mit Provokation ist heute nichts mehr zu erreichen; wir brauchen einen Durchbruch.

Für den Durchbruch ist wahrscheinlich eine Bahnbrechende Innovation mit der Entwicklungstendenz zum Guten nötig.

01.02.06

Eine *Tendenz* ist längerfristig und kann auch bösartig oder aggressiv sein, ein *Trend* ist kurzfristiger, aber angenehmer, so wie in der Mode.

16.02.06

Aperspektivität der Zeit.

23.03.06

Ich sehe die Gesellschaftspolitik und ihre jüngere Geschichte jetzt aus der Vogelperspektive.

01.04.06

Kunst ist nicht logisch, wie soll da die Kunstgeschichte logisch sein?

04.04.06

Für mich ist die Ethnologie eine Entdecker- und Abenteurerwissen-
schaft und weniger eine soziologische oder politische Wissenschaft.
Das Aufzeichnen gehört aber dazu.

14.04.06

In dem Moment, da ich ein Buch lese, interpretiere ich es schon.
Es gibt kein objektives lesen.
Dies gilt für jeden.

18.04.06

Wirkliche Überraschungen bringen nur die Verbindungen von
aktuellen *Entdeckungen* und aktuellen *Erfindungen*.

04.05.06

Zeit ist eine physikalische Größe.

08.05.06

‚Multimedia' kann auch die Verbindung von künstlerischen und
nicht-künstlerischen Komponenten bedeuten.

11.05.06

Gelungener Umgang mit dem Geheimnisvollen bedeutet, dass man
im übergeordneten Rahmen das Geheimnisvolle akzeptiert und ihm
seinen Raum lässt.

11.05.06

Jeder Zeitpunkt hat eine vierfältige Vektoren-Konstellation.

30.05.06

‚vektorielle Quattronometrie‘.

30.05.06

Es kann zu den ‚MULTIMEDIA GEDANKEN‘ mehrere nach
geordnete Kommentarebenen geben, die zu späterer Zeit als
Kommentar, Kritik, Ergänzung mit Datum hinzugefügt werden.
Hiermit kann gezeigt werden, wie sich Gedanken weiterentwickeln
und sich mitunter auch wandeln.

30.05.06

Logik und Gnostik kommen nicht immer zu deckungsgleichen
Ergebnissen.

06.06.06

Hierzu: Vergleiche Kosmologie und Kosmogonie, sowie deren
        Resultate und Auffassungen.

07.06.06

Komplexität bedeutet nicht Komprimierung, sondern die
Rückführung auf die wesentlichen Bestandteile und deren
Wechselwirkung.

07.06.06

Die Vergangenheit ist unveränderbar da; nur, wir sehen allein einen
Teil von ihr, der auch noch durch viele Einflüsse verfälscht ist.
Die kurze und stets weiterlaufende Gegenwart lässt uns darüber
hinaus in die Zukunft schauen, von der wir weitere Aufschlüsse über
die wirkliche und tatsächliche Vergangenheit erhoffen.

05.07.06

Erfolgreiche Neuerungen sind keine Alternativen, sondern sie gehen
in den ‚neuen Standard' ein.

11.07.06

Zusätzlich zum ‚normalen' Denken, denke ich schräg und quer.

11.07.06

Die größten Geheimnisse sind in dem kleinen Schatzkästchen
und nicht in der großen Schatztruhe.

02.08.06

Alles zusammentragen, was wir über die Zeit um 8000 v. Chr.
, +/- 50 Jahre, wissen!

03.08.06

Archaische Techniken und Methoden müssen nicht primitiv sein.
Durch extrem hohe Komplexität können sie sehr wirksam sein.

23.08.06

Wie kann es sein, dass sich das Wissen heute angeblich alle 4 Jahre
verdoppelt, und sich die Betrachtung der Kulturgeschichte seit
langem kaum ändert.

22.09.06

Wenn man längere Zeit intensiv lebt, gerät man auch in
Lebensgefahr. Aber die ‚großen Momente' lassen sich nur so
erleben.
Die späteren Klagen über falsche Entscheidungen und ertragene
Verluste sind eine rückwärtige Projektion auf verpasste Chancen.
Man kann aber nicht jede Chance ergreifen und dabei immer Glück
haben.

10.10.06

Zum Wissen gehört auch das Erkennen.

11.10.06

Beim Sprung von der dritten zur vierten Dimension findet nicht nur eine quantitative sondern auch eine qualitative Änderung der Dimension selbst statt.

11,10.06

Man kann nichts ungeschehen machen, aber man kann Geschehenes neu entdecken, neu sehen.

17.10.06

Ich suche keine Lücke in der Geschichte, sondern ein großes Loch.

20.10.06

Wenn man sagt, man erwartet eine eigene Handschrift bei einem Künstler, dann erwartet man ja auch nicht eine Schönschrift.

28.10.06

Es genügt mir, wenn meine subjektive Einbildung zur objektiven Bildung wird, ohne diese Einbildung mathematisch oder logisch beweisen zu müssen.

31.10.06

Geld ist wie ein starkes Medikament, es muss richtig dosiert sein.

05.11.06

Der Begriff der „Ungleichzeitigkeit" muss genauer geklärt werden, hinsichtlich Geographie, Kultur und Wachstum, Verfall und Richtung.

09.11.06

Bisher habe ich mich mit den Teilen und dem imaginären Ganzen beschäftigt, jetzt will ich die Teile zu einem realen Ganzen zusammensetzen.

01.12.06

* * *

Welche Form kann ich benutzen, um einen Inhalt so zu beschreiben, dass ich ihn nach beliebiger Zeit wieder finden kann.

24.09.07

Die Freiheit besteht darin, nicht alle Möglichkeiten zu nutzen, auch nein sagen zu können.
Die Auswahl bedeutet Verzicht auf das Verworfene.
Dieses Verworfene wird einem in anderem Licht immer wieder begegnen.

29.09.07

Solange man sich auf einem geistigen Höhenflug befindet ist man alterslos.

01.10.07

Ich freue mich über zwei Dinge.
Ich freue mich über das Schöne, was schon war,
und ich freue mich über das Schöne das noch kommt.
Wenn auch das Schöne nur einen Teil des Ganzen ausmacht.

07.11.07

Abstraktion und Realität;
wie kann man diese Relation effektiv gestalten?!

21.11.07

Das wichtigste für einen kreativen Menschen ist,
herauszufinden was er tun will, und was er nicht tun will.

21.11.07

Durch angewandte Philosophie einen praktischen Nutzen erzielen.

30.11.07

Raw art, raw knowledge, raw content!

12.02.08

Die Hölle ist endlich, der Himmel ist unendlich.

12.02.08

Zur wahren Größe gehört es auch, Schwächen zu zeigen.

14.02.08

Der Kosmos ist nicht nur außerhalb der Erde,
er ist auch überall auf der Erde und in uns selbst.

14.02.08

Es gibt Gute bei den Bösen und Böse bei den Guten.

19.02.08

Das Bleibende ist wichtiger als der vorübergehende,
kurzfristige Erfolg.

27.02.08

Das Geheimnis des Traumes ist es, dass er unlogisch ist,
aber trotzdem Wahrheiten enthält.

27.02.08

Wer behauptet, eine widerspruchsfreie Lösung anbieten zu können,
hängt dem Totalitarismus an;
deshalb kann auch keine gültige Weltformel in der Physik gefunden
werden.

06.03.08

Nicht der Monismus ist die Grundlage unserer Existenz,
sondern die Vielfalt in der Unendlichkeit.

06.03.08

Der schönste Film ist immer noch der Naturablauf und die Realität.

07.03.08

Nur in der Kunst lässt sich die Zeit in ihrer Umgebung anhalten.

19.03.08

Arbeiten und handeln ist nicht das Gleiche.

26.03.08

Die Erde, d.h. die Welt auf der wir leben, wird immer von
fortlaufend wechselnden chemischen Prozessen, die stärkste
Auswirkungen auf die physikalischen Phänomene haben,
beherrscht werden.

28.03.08

Man kann nicht die Wirklichkeit, die Realität, die Wahrhaftigkeit
mit Hilfe nahezu unbegrenzter Ketten von Dichotomien, von
Ja/Nein oder +/- Entscheidungen abbilden und untersuchen.
Diese ‚Digitalisierung' bildet nur eine der verschiedenen
Möglichkeiten der Mathematik.
Die Mathematik ist eine Folge-Wissenschaft, sie folgt der
Entwicklung. Die Philosophie ist eine Ursprungs-Wissenschaft
und hat dabei den Vorrang und die noch größeren Möglichkeiten.

Unter anderem deshalb, lassen sich Quantentheorie und Relativitäts-
theorie nicht in Einklang bringen.

30.03.08

Reduktion ist quantitative Zurücknahme,
Deduktion ist qualitative Zurückführung.

05.04.08

Es geht in der Ethno-Archäologie nicht mehr um die Vermehrung der Erklärungsversuche, sondern vielmehr um die Verbesserung der Methoden, um zu neuen, vielleicht überraschenden, Erkenntnissen zu kommen.

08.04.08

* * *

Mein Inneres weiß mehr, als ich selbst äußern kann.

02.05.08

Die Intelligenz braucht Material, um arbeiten zu können.
Wenn das grundlegende Material vorhanden ist, reicht es aus, um komplex arbeiten zu können.
Da die Intelligenz wahrscheinlich auch kompliziert arbeitet, braucht sie zusätzliches detailliertes Material.
Wenn man beide Arbeitsweisen in Einklang bringen will, muss man vermeiden, die komplizierte Seite mit Material zu überfüttern,
Wenn eine Lösung im Einklang beider Arbeitsweisen gefunden ist, können auch ferner gelegene, komplizierte Sachverhalte, gelöst werden.

09.05.08

Ein Vierklang:

rurale Intelligenz

-

native Lösungen

-

notwendige Gestaltung

-

Findung der Zweckmäßigkeit

27.06.08

Elitär verhalten sich oft diejenigen, die nicht zur Elite zählen.

05.08.08

Es ging in diesem Text in der Hauptsache um den Zwiespalt
zwischen Kunst und Wissenschaft, betrachtet aus verschiedenen
Perspektiven zu unterschiedlichen Zeiten.
Deshalb sind die Resultate auch mehrdeutig und zum Teil variabel;
vielleicht gerade deshalb seien sie, soweit möglich, einleuchtend.

07.08.08

Das 21. Jahrhundert wird das Jahrhundert der Vierdimensionalität
und des homologen Quantencomputers.

Hierbei werden holographische Ikonographie und holistische
Ikonologie eine entscheidende Rolle spielen.

Wobei - mit der Zeit – der fließende Perspektivwinkel von
besonderer Bedeutung ist.

11. und 12.08.08, 04.09.08

Ein Künstler muss Unordnung ertragen können, und er erträgt sie
auch.
Ein Wissenschaftler hasst die Unordnung und kann sie nicht
ertragen.

22.09.08

Wenn eine Religion die Herrschaft anstrebt, dann ist sie eine
Ideologie.

29.10.08

Die Aufgabe des geplanten Humboldt Forums auf dem Schlossplatz
in Berlin wäre es vornehmlich, die Weltkulturen in ihrem jeweiligen
Ethnozentrismus und in ihrer speziellen Eigenart zu zeigen und
dagegen die globalen Überschneidungen der ‚patterns of culture'

herauszuarbeiten.

Schließlich sollte sich der ‚Kulturrelativismus' an Hand der verschiedenartigen Anpassungsbedingungen und der gefundenen Lösungen in der Geschichte der Völker und ihrer Kulturen offenbaren.

Die Schnittmenge von Kunst und Wissenschaft und ihrer Forschungen und Resultate könnte auch für unsere Zukunft als Menschheit entscheidend sein, wenn sie in allen ihren Facetten und Kristallisationspunkten im Raum der Zeit zu Anhaltspunkten führt, die unsere Anpassung an die Ökosis und an die jeweilige Kulturgeographie verbessern.

03.11.08

* * * *

VECTORS OF TIME

MULTIMEDIA APHORISMEN

(Teil 5)

2009-2010

c Konstantin Pallat, 2010

Man sollte aus der subjektiven Erfahrung und aus dem eigenen
Erleben heraus, den Kern einer fremden Leistung deutlich machen.

04.12.08

Content ist polymorph, wie die Summe subjektiver Objekt- und
Tatsachenbeschreibungen.
Durch mehrdimensionale Beschreibung können wir den Tatsachen-
gehalt erhöhen.

14.12.08

Haptische Eingabehilfen, wie eine Tastatur mit Symbolen,
Koordinaten und Zeit-Vektoren. - Für das Gesamtprojekt -.

18.12.08

Subjektive Aufnahme (Rezeption) und sukzessive Verwertung
eines Werkes!

30.12.08

Im Grunde bedeutet ‚primitiv' Komplexität und ‚modern'
Kompliziertheit.
Ich will die Komplexität des ‚Primitiven' nutzen, um eine
einfach zu erreichende und überschaubare Einordnung
kultureller Inhalte (content) und ihrer Verwaltung zu
gewährleisten.

03.01.09

Philosophieren heißt in sich ruhen, ohne zu warten.

11.01.09

Inhalt und Erkenntnis

-

content and cognisance

14.01.09

Dasselbe in drei Schritten:
Inhalt, Wissen und Erkenntnis

-

content, knowledge and cognisance

14.01.09

Man kann das Neue nicht durch das Alte beweisen.
Das Alte ist gebunden in Form und Inhalt.
Der Sprung zum Neuen erfordert ein neues Denkmuster,
das evidente Inhalte anders formuliert.
Durch diese Umstellung der Anschauung werden auch
neue Inhalte überhaupt erst entdeckt.

21.03.09

Unsere Existenz ist bestimmt durch Zufälligkeiten, Notwendigkeiten
und Zwangsläufigkeiten.
Diese drei Kriterien in eine zeitlose mathematische Ordnung zu
bringen, ist praktisch unmöglich.
Gleichwohl wachsen unsere wissenschaftlichen Erkenntnisse
scheinbar immer weiter. Die Form dieser Erkenntnisse und ihre
Veränderung sind aber wiederum abhängig von der Wirkung und
dem Einfluss der oben genannten drei Kriterien.
Dies bestimmt unsere Anschauungen.

06.05.09

Ein Zeitfenster das prismatisch in die Tiefe geht; jeweils für die
Betrachtung und die Erfahrung eines speziellen kulturellen und
geographischen Zusammenhangs.

07.07.09

Mehrere geöffnete Zeitfenster können im späteren Verlauf
gleichzeitig auf ein Thema, bzw. auf einen Begriff, fokussiert
werden.

09.07.09

Wir sollten uns der Gelassenheit annähern und uns
von der Gleichgültigkeit entfernen.

05.09.09

Das Programm für ‚cultural content management' wird analog der
Gentechnik entwickelt; die Speicherung der Inhalte (der content)
wird mit Hilfe, d.h. während, des gesteuerten Wachstums von
bestimmten Kristallen und dessen verschiedener Vektoren bei der
zeitlichen Anreicherung (von Daten) vollzogen.

05.10.09

Die genetischen Baupläne bilden die Grundlage für die Bildung
und Aufrechterhaltung des ‚management systems', während die
Vielseitigkeit der Reflexionen innerhalb der Kristallstrukturen
immer neue Verbindungen einmal gespeicherter Informationen
ermöglichen.

05.10.09

Es gibt ein „höheres Wissen", zukünftig und/oder in der
Vergangenheit.

07.10.09

Der siebente Sinn ist das Denken, bewusst und unbewusst.

07.10.09

Ziel ist es, mit Hilfe einer graphischen Content-Darstellung, eine
logische Content-Management-Hilfe zu installieren.
Analog zu Kosmographie und Kosmologie. –

04.11.09

Da wir das Zusammenspiel der Regeln der Natur nicht vollständig
verstehen und abbilden können, müssen wir ein einheitliches
anthropozentrisch-anthropologisches Regelwerk der Einordnung
von Beobachtungen, Inhalten, Aussagen, ... im Rahmen eines
in der Zeit- und Raumdimension offenen Content-Management-
Systems einrichten.

04.11.09

Holographisches Begriffslexikon.

16.11.09

Zeit ist nicht nur eine physikalische Größe, sondern ein Phänomen
das alle Wissensgebiete betrifft, übergreift und verbindet.

24.11.09

Man muss nicht immer auf die persönliche, eigene Freiheit warten
und hoffen, man muss sie sich dann auch nehmen.
Die Nutzung der Freiheit ruft meist Anfeindungen und Angriffe
hervor. Dies sind Zeichen, das Brisanz zu Tage tritt.
Nur dann kann man Gefühle und Stimmungen bei Anderen
hervorrufen, indem man seine eigenen lebt und mitteilt.

03.12.09

Letztendliches Ziel ist es, ‚kulturelle Zeit-Vektoren', d.h. eine
‚Kulturzeit' mit verschiedenen Vektoren, in die Software für
eine Datenbank mit ‚kulturellem content management'
aufzunehmen.

08.01.10

Um mit Hilfe der Naturwissenschaften Gesetzmäßigkeiten und
Zusammenhängen der Entwicklung, des Gedeihens und Verderbens
der Kultur zu erkennen, müssen Analogien von ‚Naturgesetzen'
- soweit sie festlegbar sind - zum raumzeitlichen Fortgang
ausgewählter menschlicher Kulturen hergestellt werden.
Andererseits bestimmt die jeweilige „Höhe" der Kultur das
Verstehen und Erforschen der Naturgesetze.
Das Verstehen der Kultur – der eigenen und der fremden – ist
somit eine Kulturleistung.

18.01.10

Ziele sind ein klarer scharfer Geist und die Vermeidung
von Verwirrung.

18.01.10

Wachstum (Zeit),
Richtung (Vektoren)!

18.01.10

Glauben und Hörigkeit.-
Macht ordinierter Glauben hörig?!

03.03.10

Verlockend leicht wirkt nur. was durch lange Übung wirklich
erworben ist.

12.03.10

Kann man unterscheiden zwischen den Kräften. die von aussen
auf die Zeit einwirken, und denen, die der Zeit innewohnen?

14.03.10

Man muss nicht alles ‚tot recherchieren', ich nehme für meine
künstlerische Arbeit die ersten, tiefen Eindrücke und ihre
Umgebungen, ansonsten stößt man schnell auf die ‚weißen'
Stellen der Landkarte'.

15.03.10

Die Zeit hat vermutlich einen eigenen Raum und nimmt diesen
mit in ein dreidimensionales Gebilde.
So haben wir ein Zusammentreffen von Vierdimensionalem mit
Dreidimensionalem.

30.03.10

Die gemeinsame Menge eines festen Raumes und eines beweglichen
Raumes.-

z.B.: Begriffsraum <= > Zeitraum

07.04.10

Nach der kulturellen Blütezeit der Renaissance folgte die Dekadenz
des Manierismus.
Was soll man tun, wenn man in solch einer Periode der
Weltentwicklung steckt?

15.04.10

Ich kann nur vorarbeiten für eine wiederkehrende günstige
Konstellation unserer Welt im spiralförmigen Verlauf innerhalb des
Kosmos.

16.04.10

Wenn etwas Kunst ist, dann ist es egal, ob sie ein professioneller, ein unabhängiger, ein Liebhaber oder Dilettant gemacht hat.
Wenn es keine Kunst ist, dann ist etwas Falsches in dem Werk.
Kinder sind immer erst Dilettanten oder Liebhaber, aber man sagt, dass sich große Genies ihre Kindlichkeit bewahrt haben.

28.04.10

Echte Rock-Musik ist weder ‚U' noch ‚E' allein, sie ist beides zusammen.
Es gab sie aber bisher nur in den 60igern und 70igern des 20. Jahrhunderts.

11.05.10

Ein Künstler ist ein Einzelner, ein Individuum mit ihm eigener Persönlichkeit und deren geistiger Struktur.

12.05.10

Nicht jede Arbeit wird belohnt, nicht jede Leistung wird honoriert.

24.05.10

Es könnte eine Gemeinsamkeit geben zwischen dem Aufbau der Zyklopenmauern und dem Wachstum und der Vermehrung der Kristalle.

24.05.10

Man muss auch einmal zurückgehen können, nicht nur in Gedanken, sondern real; die Entwicklung ist nicht kontinuierlich und gleich-mäßig vorwärts gerichtet.
Der Ausgangspunkt für neue Mutationen, die das Überleben weiter sichern können, mögen auch auf bereits überschrittenen Entwicklungsphasen liegen. Welche Richtung nimmt eine Mutation in der vierdimensionalen Zeit?

Hier liegt die Beschränkung und die Unvollkommenheit von
Statistik und Empirie.-

02.09.10

Das Übermaß an Geldstreben zerstört den Sinn des Wirtschaftens
an sich, die Freude am Wohlstand.
Es kann nur einen Maßstab geben, an dem wird man gemessen
und an dem misst man selbst.

10.09.10

Es greift bei den so genannten Eliten und bei den
Entscheidungsträgern ein Mangel an ethischen Gewissen
und sittlicher Moral um sich.
Dies läuft dem nötigen Zusammenhalt in der Bevölkerung
und ihrer Gesellschaft entgegen.

28.09.10

Wo ist der Raum in der freien Natur.
Es gibt hier keine Begrenzung.
Die Zeit, als vierdimensionale Größe, existiert aber!

09.10.10

Nicht lineare Zeit ./. vektorale Zeit:
Die lineare Zeit ist eine Kostante,
die vektorale Zeit ist eine Variable.-
Beide existieren parallel.

19.10.10

Die Wissenschaft lebt von ‚Entdeckungen'.
Diese sind nicht patentfähig, obwohl sie patentwürdig sein könnten.

Die Kunst produziert ‚Erfindungen' und kann die ‚Entdeckungen'
der Wissenschaftler ungehindert benutzen. Die Resultate sind
zuweilen patentfähig, aber in jedem Fall urheberrechtlich geschützt.

22.10.10

Die Vektoren sind ‚Stoßrichtungen' im Raum der Zeit.
Auch bei diesen unterschiedlichen Wirkkräften bleibt die
lineare, eindimensionale Zeit für alle gleich.

29.10.10

```
*   *   *
  *  *
    *
```

INDEX

www.ingramcontent.com/pod-product-compliance
Lightning Source LLC
Chambersburg PA
CBHW022026170526
45157CB00003B/1371